Pretty girl

女宝宝穿出美丽

天然萌
自然美

王庆飞 / 著

中国铁道出版社
CHINA RAILWAY PUBLISHING HOUSE

U0312317

图书在版编目（CIP）数据

女宝宝穿出美丽 / 王庆飞著 . -- 北京 : 中国铁道出版
社 , 2017.1
（家有潮娃）
ISBN 978-7-113-21968-0

Ⅰ . ①女… Ⅱ . ①王… Ⅲ . ①女童－童服－服饰美学
Ⅳ . ① TS941.716.1 ② TS941.11

中国版本图书馆 CIP 数据核字 (2016) 第 139914 号

书　　名：**女宝宝穿出美丽**
作　　者：**王庆飞 著**

责任编辑：**郭景思**　　　　编辑部电话：　010-51873064　　　电子信箱：guo. ss@qq. com
装帧设计：**墨天文传**　**东至亿美**
责任印制：**赵星辰**

出版发行：中国铁道出版社 (100054，北京市西城区右安门西街 8 号)
网　　址：http://www.tdpress.com
印　　刷：北京盛通印刷股份有限公司
版　　次：2017 年 1 月第 1 版　2017 年 1 月第 1 次印刷
开　　本：889mm×1194mm　1/24 印张：8　字数：150 千
书　　号：ISBN 978-7-113-21968-0
定　　价：39.80 元

前言

培养孩子的"衣商"和"衣品"

孩子是家庭的核心和未来，父母会给予所有可能的教养方式，作为对衣着品位有着较高要求的现代父母，你想过给予孩子"衣商"及"衣品"的教养吗？在孩子成长的过程中，衣着是否随意将就？孩子的穿着也无视场合和风格？给孩子适当、适度的打扮，不仅更尊重社会公众的衣着礼仪，也是从小培养孩子"衣商"及"衣品"的绝佳方式。

享受孩子的每一次蜕变

成长中的孩子无论男孩还是女孩都有每个阶段的特征和美感，得体适龄的服装不仅会让孩子收获自信，作为父母也在见证孩子的成长。没有童星的不凡出身，没有优越的身材相貌，孩子一样可以通过父母的巧妙穿搭展现属于他们的童萌和率真，打造潮童风格。

孩子从小开始拥抱精致

不要用成人的思维标签给孩子设置壁垒、架设框架，告别华而不实的昂贵与千篇一律的雷同，告别陈旧呆板的穿搭模式，让孩子尝试做自己的"意见领袖"，引导孩子形成个性之美，让孩子从小开始拥抱精致，体现出来自家庭的绝佳衣品教养与受用终身的穿衣智慧。

提升父母的穿搭力

潮流趋势在不停地变化和升级，完全不懂穿搭的父母不必紧张，本书从童装的搭配基本技巧着手，从一目了然的案例中获取实用的搭配方法，也会为已经具备搭配功底的父母准备提升审美和应变能力的方案。本书遵照"零基础、快提升"的图例示范方式，让孩子的时尚品位不受父母穿搭素养的局限，快速成长为在生活中受欢迎的人气时尚宝宝！

CONTENTS

目录

Chapter 1

女宝宝的时尚穿衣法则

Chapter 2

女宝宝时尚入门的必备单品

Chapter 3

让宝贝时尚满分的多变风格

Chapter 4

学会入世礼仪的场合穿搭

Chapter 5

突出细节品位的配饰搭配

Chapter 6

美丽可人的四季穿搭

Chapter 1

女宝宝的
时尚穿衣法则

成人的时尚穿搭规则中仅有一部分适合孩童！
告别陈旧呆板的穿搭方式，培养孩子得体的穿衣习
惯，提升孩子的衣品教养，刻不容缓！

法则 1
中性风更显阳光

　　不一定只有公主裙才是打扮女宝宝的必选，中性的单品能突出女宝宝的阳光和开朗，只要尺码合身，并不会觉得怪异违和。在细节上加入可爱的格纹领巾，依然可以让女宝宝俏皮可爱。

法则 2
童话风尽显纯真

　　精灵尖帽搭配配套的针织无袖木耳边开衫小外套，加上斜条纹小伞裙和公主皮鞋，整体搭配上色彩和谐，质地柔软。用棉质和针织单品相搭配也能打造女宝宝的纯真童话风格。

法则 3
夏裙冬穿玩混搭

蓬蓬裙百搭且实用性高，即便是再冷的天气，给宝宝做好保暖工作，只需要搭配普通上衣和外套，就能让夏天的裙子在冬天鲜活起来，尤其是选用薄荷绿这样充满清新感觉的色彩更是令人眼前一亮。

法则 4
面料质感需统一

女宝宝穿着光泽和质感统一的经典款娃娃领长袖和小百褶裙，领子和裙子搭配同色系的手提包，在深蓝色中加入鲜艳的酒红色，让宝宝的衣着搭配看起来和谐统一又靓丽可爱。

　　宝宝体型幼圆，过于紧身的衣物不仅给孩子带来不适感，也会"裹"着孩子不方便行动。大一号的衣服不仅宽松、便于行动，蓬松的衣服也能让宝宝显得更加可爱。

　　棉麻质地的衣物柔软舒适，宽松的A版型娃娃衣和南瓜裤让蓬松度加倍。一般以上浅下深的颜色搭配为原则，若上衣过于单调，可以搭配与裤子同色系的胸花或者蝴蝶结点缀。

法则 7
精致突显气质

利用小礼裙精致的裁剪和设计，突出女宝宝整体的气质。别出心裁的领口和上衣下摆，让整体效果突出，黑色网格搭配白色细纱蓬蓬裙让女宝宝搭配既时尚又甜美。

法则 8
演绎成人灰调

家长们在给女宝宝挑选衣服的时候，常常会选择粉红、嫩黄等颜色，太多这类色彩衣服难免会觉得太过鲜艳、抢眼。选择黑白灰经典三色搭配，让宝宝穿着独具个性。这类配色让家长便于搭配亲子装。

法则 9
穿出刚柔并济

　　柔软的蓬蓬纱裙和线条较为硬朗的短款小外套搭配，将女宝宝刚柔并济的感觉发挥得淋漓尽致。原则上一般应为深浅两色、上窄下宽相搭配，选择长度、大小合身的外套效果更好。

法则 10
图案烘托个性

　　印花衫一直是不变的经典，图案简单、个性，彰显宝宝独特的个性。黑色的印花图案和黑白环形打底裤，简单的单品因为相同的色系，让宝宝的整体穿搭更具有造型感。

法则 11
驾驭现代色彩

　　黑灰色的高腰连衣蓬蓬裙让造型带有强烈的现代感，花朵和纺纱蝴蝶结巧妙地连接了上衣和蓬蓬裙。家长们不必担心穿深色衣服显得沉重，只需挑准款式和布料，一样能让宝宝穿出可爱感觉。

法则 12
棉麻穿出时尚

　　棉麻衣物取材天然，吸汗且让皮肤呼吸通畅，舒适度极佳，是最适宜孩子的布料。搭配波点宝蓝色打底裤，让宝宝的衣服洋气时尚，充满了休闲感，看起来可爱又文静。

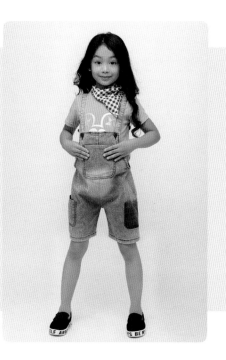

法则13
撞色更具都市感

经典的格子方巾搭配牛仔背带短裤，加上粉红色的印花短袖，每一件单品都是极其经典的款式，搭配在一起成就了时尚感十分强烈的街头街拍风格。

法则14
随性服饰更亲和

线条简洁的背带裤，帅气与俏皮，更为宝宝增添了一股青春活力；腰部抽绳的设计，穿着方便舒适也更显修身。简单的搭配白色衬衣，随意的卷起袖口，带来不一样的休闲感。

法则 15
白衬衣穿出艺术气质

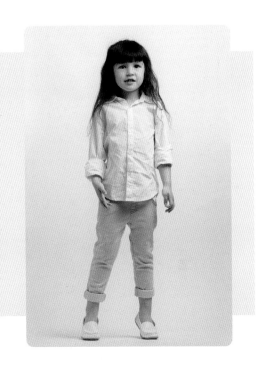

　　白衬衣永远是时尚的经典，在宝宝身上同样适用。不规则的褶皱赋予了单调白衬衣时尚的造型，随意卷起的袖口、裤腿显得亲和，完全放下的衣摆，让看似拘谨的衬衣，多了几分艺术家的慵懒气息。

法则 16
简单复杂搭配有序

　　格子、背带、蓬蓬纱裙等元素融合在一起的小裙子稍显繁复，搭配这类衣物的时候，应选择简洁、经典的款式搭配，以免过于复杂。这样的搭配能让女宝宝在精美的小裙子中也不失儿童的天真活泼。

法则 17
不规则穿搭显俏皮

　　白衬衣和套头针织衫的经典百搭，露出的衬衣下摆和卷起的裤腿，搭配休闲软底皮鞋，让不规整的随性感展现得淋漓尽致。尤其是选用蝴蝶结别在领口点缀，更显得女宝宝娇俏可爱。

法则 18
避免色调太统一

　　紧身皮裤，撞色马丁靴，皮草外套和宝蓝色针织衫对于儿童来说较为成熟，家长给孩子混搭成人单品时，需要注意避免使用大面积的统一色调，应选择亮色与深色搭配，或不同材质之间的搭配。

法则 19
适度露肌更随性

星星白色 T 恤穿搭紧身皮裤，适当的卷起袖口和裤腿，增添了几分随意感。搭配上水洗牛仔布的帆布鞋，一种浓浓的时尚街拍风格扑面而来，简洁帅气的的单品搭配让整个造型更出彩。

法则 20
剪裁得体更精神

小礼裙搭配坎肩长袖外套，在袖口和胸花的颜色选择上别有心机的使用与裙子相同的颜色，整体和谐、统一。剪裁合身、长短合适，胸口露出锁骨和脖子，宝宝穿上显得精神、不累赘。

Chapter 2

女宝宝时尚入门的必备单品

　　每一套得体的穿着源自每一件单品的合理运用！买对单品，提升整体穿搭力，丰富穿着风格，让宝宝既舒适又得体！

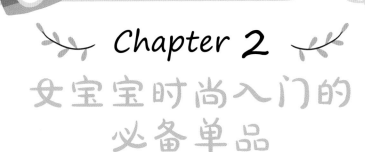

展现随性感觉的百搭牛仔裙

牛仔作为永不过时的服饰布料代表，日常生活中让宝宝穿上百搭的牛仔裙，是一种非常随性的时尚风格，进行一些略花心思的搭配，宝宝们会显得很乖巧哦。

随性穿搭让牛仔裙更天真

背带式牛仔裙搭配格子衬衫，适合在日常生活中的穿搭，让宝宝体现出休闲的状态，也不失女孩子的甜美范。

印上卡通图案的牛仔裙，即使单穿也会充满着可爱的味道。

连身围裙式的款式，搭配简单的素色T恤就足以彰显时尚范。

U形领搭配波点图案，增添趣味性，显得很俏皮。

采用渐变色的设计不会造成平凡的感觉，是比较有特色的款式。

无袖波点牛仔裙，宽松的款式显得更加舒适与随性。

碎花图案与吊带的款式，都是增强甜美气质的元素。

腰部松紧带设计，凸显可爱天真气质。

中长水洗半身裙，搭配吊带上衣进行扎腰穿法，个性十足。

不管是内穿还是外搭，牛仔系列的裙子都体现出宝宝的个性，经过款式搭配和挑选，可以轻松驾驭不同的风格。

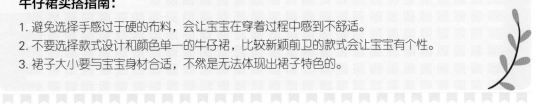

牛仔裙买搭指南：

1. 避免选择手感过于硬的布料，会让宝宝在穿着过程中感到不舒适。
2. 不要选择款式设计和颜色单一的牛仔裙，比较新颖前卫的款式会让宝宝有个性。
3. 裙子大小要与宝宝身材合适，不然是无法体现出裙子特色的。

一衣四穿展现天真随性

国旗印花的流苏蝙蝠袖搭配牛仔背带小裙子，是展现时尚、休闲搭配的好方法。

T恤虽然为基本款，但有了鲜亮颜色与可爱图案的加持，便能成为点亮整体造型的最强单品。

秋冬这样穿既保暖，又带着强烈的街拍时尚感，若担心宝宝受冷，可以搭配一条星星泡泡袜。

想要宝宝在背带裙上作出更多的花样，尝试用格子衬衣搭配，更显利落率性。

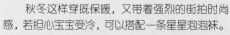

穿出轻盈身影的可爱蓬蓬裙

　　每个女孩子的心中都住着一个小公主，质地蓬松的裙子具有非常可爱甜美的气质，穿上蓬蓬裙能够满足宝宝的公主梦，不同类型的蓬蓬裙经过不同的搭配后，让宝宝尽情扮演各种风格的小公主。

利用蓬蓬裙打造一个小公主

蓬裙搭配松软的毛衣，清新自然的风格，很适合在冬季给宝宝搭上这样的一款服饰。

内衬贴满蝴蝶图案，外层用金色蝴蝶作为点缀，颜色闪亮耀眼。

橘粉色的连衣裙，褶皱设计和花朵装饰使裙子更添可爱活泼的感觉。

具有优雅气质的紫红色，腰间缀面蝴蝶结更显甜美。

洁白的颜色搭配层叠的薄纱，充满了文静与乖巧的气质。

用花朵中和蓝的颜色带来的成熟感，是一款具有气质的连衣裙。

渐变亮片装饰在丰盈的蓬裙上，在简单的款式上进行特别的设计。

腰部松紧带设计，凸显可爱天真气质。

荷叶边层叠的裙身，搭配比较修身的上衣，是展现淑女范的一款装扮。

森系风格的上衣，与裙子的颜色吻合，搭配一顶田园风格的帽子，让宝宝仿若草地上的精灵。

蓬蓬裙买搭指南：

1. 蓬蓬裙的选择标准即为"蓬"，选择质地比较轻盈和蓬松的会更显得可爱。

2. 优先挑选明亮、鲜艳的颜色，过于暗沉的颜色或无设计亮点的款式会过于普通。

3. 不要选择材质过硬的蓬蓬裙，以免扎到宝宝娇嫩的皮肤，让宝宝感到不舒适。

一衣四穿演绎甜美可爱气质

娃娃领上衣与蓬松的公主裙气质相吻合，可爱的风格犹如邻家小女孩。

一件纯白色的T恤配上一个动物小挂饰，用蓬蓬裙搭配最简单的款式却不失童趣。

衬衫款的上衣与蓬蓬裙共同打造恬静的乖乖女形象，简洁舒适。

黑白针织衫的搭配和蓬蓬裙的搭配显示出随性的小甜美，适合秋季装扮。

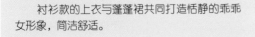

展现百搭功能的随性牛仔裤

被列为"百搭服装之首"的牛仔裤，是经典的穿搭代表，可以随意搭配各种类型和风格的上衣，都能够展现出一种休闲和时尚，通过与牛仔裤的搭配让宝宝也穿出潮流范。

休闲又百搭的随性牛仔裤

白衬衫和浅色牛仔裤的搭配展现出宝宝的舒适状态，适合在日常生活中的穿搭。

猫须水洗白牛仔裤，随意搭配简单的T恤或者衬衫都能彰显时髦。

用抽绳式的裤头设计，穿着起来更简单方便。

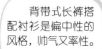

背带式长裤搭配衬衫是偏中性的风格，帅气又率性。

设计毛边的牛仔短裤，一款适合夏天的百搭款式，简洁清凉。

追求陈旧感的水洗牛仔长裤，是比较有个性的款式。

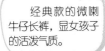

经典款的微喇牛仔长裤，显女孩子的活泼气质。

可以与深色衣服进行相互搭配，随性的休闲风。

深色牛仔遇上纯白波点，带点小可爱元素。

短款的毛衣与牛仔长裤既能搭配出保暖，又显得随性利落。

牛仔裤买搭指南：

1. 挑选版型合适的牛仔裤，尺码也要与身材合适，这样宝宝才能穿出最好的裤型状态。

2. 很多牛仔裤会洗后缩水，所以买牛仔裤的时候应该遵循买长不买短的原则。

3. 可以翻开裤脚、锁边线或拉链处看看，检查车工质量，那些脱线或车工粗糙的裤子建议不要买。

一衣四穿彰显休闲帅气

加入植物元素的荷叶袖，与牛仔裤的搭配风格是适合外出郊游时的穿着。

白色波点上衣和牛仔裤在颜色上比较接近，浅色系的搭配在视觉上非常舒服。

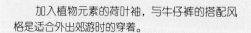

夹克衫和牛仔裤都是帅气的服饰代表，二者互搭充满酷劲。

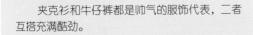

随意搭配一件深色牛仔外套便把整体造型丰富起来，一股休闲牛仔范。

叠穿单穿都适宜的连衣裙

一件裙子不同的穿法会展现出不同的风格，巧妙地利用同一件裙子来打造多变的造型，除了让宝宝显得特别会穿衣打扮之外，也不必花费太多精力去购买太多的服饰。

不同穿法的连衣裙打造多变造型

米白色的轻纱蓬裙，单穿具有甜美气质，叠穿凸显蓬松的裙摆。

不论是衣身或裙摆都具有设计亮点的一款连衣裙。

立体的裙摆设计丰富了裙子的层次感。

牛仔拼接的连衣裙，其中小碎花和卡通图案都是可爱元素。

粉色直身裙镶嵌亮钻，显示出甜美优雅的气质。

卡通图案令裙子充满着童趣和活泼气息。

细碎的蓝色印花布满整条裙子，清新的风格。

细腻的蕾丝编织纹带来一种女生的甜美感。

渐变色的独特设计显得清爽自然。

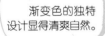

缎面双层白色小礼服，挺括的质地可以保持优美的裙型，显得乖巧可人。

连衣裙买搭指南：

1. 选择绣花、饰边的款式，裙长不要过膝太多为好，可体现出宝宝天真活泼的特点。

2. 在款式的选择上可以多样化，但尽量不要买连帽式的连衣裙，否则会比较难以搭配其他服饰。

3. 夏季选择质地轻薄的裙子，而冬季应选择比较厚实的连衣裙款式。

一衣四穿彰显造型多变

毛绒短款背心马甲搭配格子轻纱连衣裙，是一种比较凸显品位的穿法。

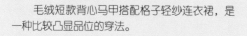

内搭七分袖衬衣与格纹背心，打造宝宝的英伦淑女风格。

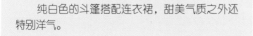

纯白色的斗篷搭配连衣裙，甜美气质之外还特别洋气。

一款优雅气质的长款呢子外套和内穿的连衣裙完美演绎小香风。

❴★ 轻便舒适可灵活运用的打底裤 ★❵

　　小孩子具有爱玩爱闹的天性，时刻充满着活力的他们需要穿上可灵活运动的服饰，一款打底裤经过搭配后也可以达到舒适与时尚的统一，让宝宝们轻松地享受玩乐时光。

轻便舒适的万能打底裤

　　蓝底印白色小爱心的打底裤，符合儿童喜爱明亮色彩的标准，搭配同样是棉质布料的上衣，柔软又亲肤。

色彩绚丽明亮，充满活力气息。

印有艾莎公主卡通形象的打底裤一定是受到女孩们欢迎的款式。

必备的简单纯色日常款，舒适耐脏是最大的特点。

格纹裤子显得比较休闲和时尚。

印有漫威超级英雄图案，色彩丰富充满童趣。

弹力材质的牛仔打底裤，享受牛仔裤带来的帅气和舒服。

经典的海军蓝条纹，简约百搭。

以五彩斑斓水滴状印花来体现出活泼的感觉。

简单的短款布料外套与细碎的打底裤图案相协调，比较适合春秋季的穿搭，保暖又舒适。

打底裤买搭指南：

1. 购买不同款式和风格的打底裤可以为宝宝搭配不同的服饰，例如休闲服和裙子所需要的打底裤是不一样的。

2. 购买打底裤应挑选手感柔软且具有弹力的面料款式，才能保证裤子的舒适度。

3. 裤头松紧度适中的为佳，用手向外拉扯感到弹力不好的不要购买。

一衣四穿享受舒适休闲

蕾丝打底裤与素色T恤搭配一个小挂件，具有小女孩乖巧的气质，同时也显得比较休闲。

加上一件针织外套，与轻薄质地的打底裤形成相互弥补，适合稍微凉爽的天气装扮。

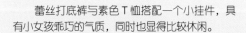

宽松的上身装扮与紧身打底裤的经典搭配，不规则的围脖显示出率性的风格。

可爱的娃娃裙和蕾丝裤相搭，增添宝宝的甜美可爱的气质，十分漂亮。

打造森女气质的棉质半身裙

近几年森女风在生活中流行起来，"就像森林中走出的女孩"的服饰特点就是舒服、自然。以棉、麻等天然材质为主的半身裙具有温柔安静的气质，通过打扮，宝宝也能变成一个文艺小森女。

棉质半裙打造文艺小森女

棉质半身裙与毛线上衣，都传递出一种质朴的自然美，具有恬淡而文静的气质。

繁复波普印花具有风情，双层裙摆更可爱。

薄荷绿色的半身裙充满了小清新的味道。

色彩斑斓的花朵图案避免了款式老气的尴尬。

碎花图案短裙是打造森女气质必备的元素之一。

细致的蕾丝刺绣更显柔美和细腻。

灰色半身裙符合森女不张扬的内敛气质。

素色米白裙子气质比较素雅，可搭配素色衬衫。

方格的元素多了一些活泼的感觉，比较清新。

加入小星星图案元素，让造型中多了一抹生动，更符合孩童的天真活泼的天性。

棉质半身裙买搭指南：

1. 选择购买富有大自然气息的大地色、裸色或暖色的裙子，能更接近森女风格。

2. 裙子图案可以偏重于田园风，碎花、格纹、民族图腾等，再间或搭配刺绣等带有手工打造印记的配饰。

3. 可以购买长款、及踝款及图案不一样的裙子，打造多变的小森女。

一衣四穿打造文艺小森女

竖条纹的裙子搭配简约的白色娃娃领短袖，
风格自然清新，舒服的状态立刻体现出来。

用一个英伦风的毛毡发箍点亮了整个搭配，
宝宝仿佛是来自贵族的小公主。

换上宽松休闲的棉麻质短袖，点缀一个裸粉色蝴蝶结发箍，瞬间又变成了来自森林的小仙女。

木耳边藕紫色的上衣，风格和颜色与裙子搭配，穿上蝴蝶结的公主鞋，更显文静、气质。

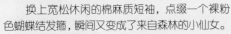

★ 简单足以百变的时尚短袖T恤 ★

生活中最常见的T恤如何穿着才能变得很时尚呢？简单的款式可以通过其他配饰来提升潮范，或者通过裙子、裤子、帽子等进行整体的造型，这样就能让宝宝在日常生活中也能将T恤穿得很时尚。

时尚百变的基础单品

略带中性风格的印花T恤和牛仔裤强搭配，随性的穿搭凸显出休闲的感觉。

蓝色元素清新，几何的图案更添玩味。

泡泡袖和花朵图案的设计，充满甜美气息。

连帽式的T恤更具活力，适合运动风格。

蕾丝边饰给简单的T恤带来温柔的淑女体验。

38

橘色的条纹色彩明亮，积极阳光的感受。

涂鸦式的字母充满趣味性，可搭配牛仔裤。

粉红色系加上烫钻爱心的设计具有甜美可爱气质。

数字印花的背心式T恤，碎花元素清新可爱。

蓝色的小碎花连衣裙搭配柠檬黄色的T恤，即使是让宝宝随意活动的舒适穿搭风格，也能同时兼顾时尚。

T恤买搭指南：

1. 选择手感舒适柔软的面料，T恤上有大面积的塑胶图案的款式应尽量避免选择。
2. 选择领口大小适宜的T恤，只有大小合适的款式才能更好地展现宝宝最佳状态。
3. 购买各种风格的T恤才能为宝宝打造百变的造型，成为小小潮人。

一衣四穿百变小潮女

领带式的 T 恤和绿色半裙，相同的格子元素组合而成一套英格兰风格的套装。

当棉质 T 恤与纱质百褶裙完美碰撞，让宝宝立刻变身乖巧的小淑女。

T恤与小短裤的搭配，让宝宝显得格外利落帅气，女孩子同样也可以酷酷的。

棉质的背带中裤带来一种可爱的感觉，与T恤共同打造街头休闲风。

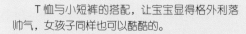

★ 打造休闲风格的舒适长袖 T 恤 ★

一款长袖的 T 恤虽然看似普通，但是经过一些挑选和搭配后，仅仅穿长 T 恤也可以打造休闲范。并且由于 T 恤面料的优点，穿在身上会感到很舒适，让宝宝轻松自如的玩乐。

让宝宝休闲自在的舒适长 T 恤

宽松的 T 恤款式搭配紧身裤子，相互协调达到一种休闲舒适的统一。

黑白色拼袖的 T 恤是百搭款，简单自然。

加入字母印花更显得更活泼有趣。

蕾丝边饰增加一种女孩子的甜美感。

单穿或打底都不错的 V 领基本款，舒适又实用。

仿皮拼接式T恤，款式有型，中性风格。

爱心图案充满可爱的元素，也可搭配裙子。

印有卡通头像的图案是与孩童气质相符的款式。

红色的条纹设计显得醒目，穿起来精神十足。

耐看的灰色系长T恤，字母图案增加新潮感，款式的长度也显修身。

长T恤买搭指南：

1. 注意检查两只袖子的车工，两只袖子长短不一的不要买，否则会造成穿衣效果不好。

2. T恤上有大面积的塑胶图案也尽量不要购买。

3. 衣服款式的选择也不要过长，否则穿在身上，宝宝在比例上会显得很矮小。

一衣四穿感受舒适休闲

　　白底刺绣圆领半袖 T 恤搭配棉质字母印花背带裤，休闲舒适更显个性。

　　换上简约的黑白条纹短裙，突出轻松利落的感觉，既舒适又时尚满分。

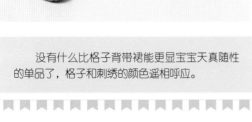

没有什么比格子背带裙能更显宝宝天真随性的单品了，格子和刺绣的颜色遥相呼应。

经过褶皱处理的麻质半裙，搭配刺绣的白上衣，又是一番文艺、清新的感觉。

穿出闲适风格的宽松棉布裤

简约百搭的棉布裤，宽松的款式能够很好的穿出闲适的风格，即使随意地进行穿搭都能够将这种风格打造出来，让宝宝时时刻刻都保持休闲舒适的状态。

舒适度满分的宽松棉布裤

服饰都是接近大地色的色调，面料也统一，宽松的款式营造出闲适风格。

收脚的裤腿使裤型更蓬松，显得更可爱。

宽裤腿和大裤袋的设计增加了休闲的气息。

小脚裤型的经典棉质长裤，去学校或是日常穿着都很合适。

吊带式棉布短裤，黑白印花具有民族风情。

细致的几何图案，非常耐看也具有个性。

百搭的黑色款可以和绝大多数的衣服搭配，扎腰穿法显时髦。

肥大的裤腿设计增加了更多的舒适和潇洒的感觉。

条纹宽松版短裤，清凉舒爽，适合夏天穿着。

素色棉布裤与格子衬衫的搭配增添了率性的味道，经典的格纹带来学院风格。

棉布裤买搭指南：

1. 购买布料比较柔软的裤子，才能让宝宝在穿着时真正地感到舒服。

2. 裤头的尺码不宜太大或者太小，一定要与宝宝的身材合适。

3. 裤子也不能买得太长，在与宝宝腿形合适的基础上预留一点长度就可以了。

一衣四穿休闲舒适

棉布中裤与韩版的娃娃衫都是宽松版，相互搭配起来可爱天真的意味更强。

换上米白色的上衣配上一条腰带显示出随意的休闲范，外出踏青穿上这款服饰是不错的选择。

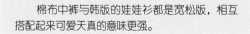

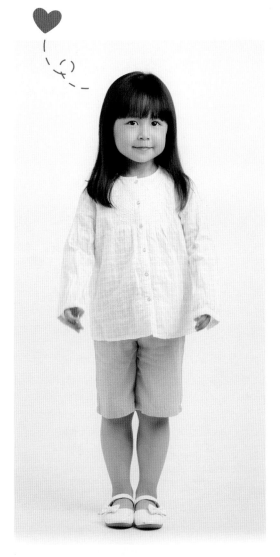

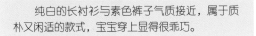

纯白的长衬衫与素色裤子气质接近，属于质朴又闲适的款式，宝宝穿上显得很乖巧。

外搭一件格子衫，相间的颜色弥补提亮了整个造型的色彩感，素色的中裤不会与其造成冲突。

体现层次美感的简洁外套

天气转凉后外套得以大展拳脚，简洁的外套更能从容地应对换季时变幻莫测的气候，通过层次感的搭配还能让宝宝呈现出各具风格的造型美感。

层次搭配突出造型美感

短款的上衣与连衣裙的搭配互相协调，轻松地展现出甜美的感觉。

字母连帽式的外套带有运动休闲的感觉。

双排扣A字型款式简约，在颜色上也很百搭。

碎花元素更增小清新气息。

蓝色条纹富有清新的海军风格。

近几年流行的军绿色的加长版工装夹克显得飒爽有个性。

褶皱的衣边设计可内搭有丰富层次感的裙子。

立领和前开拉链的简约款更方便宝宝穿着。

拼接款的牛仔衣显得有个性，可搭配运动型裙裤加强率性。

棉布外套和内搭格子裙的面料相似，简单的款式搭配细腻格纹，充满了舒适的休闲风。

外套买搭指南：

1. 购买与宝宝身材合适的外套，尤其是肩部位置要饱满，这样才能撑起衣型。

2. 购买时衣服的款式，面料、做工和品牌都要考虑，为宝宝选择一款最合适、最舒服的衣服。

3. 长款和短款的外套都可以购买，可搭配出不同风格的造型。

一衣四穿率性简单

外套与裤子气质都偏向于简约质朴风格，是适合在日常生活中的随性穿搭款。

下半身搭配蕾丝打底裤，加入了更多的女生的甜美感，展现可爱气质。

内搭一款棉布衣裙，佩戴一顶针织帽，与外套一同打造接近文艺森女的风格。

换上格子衬衫和素色棉布长裤，立刻呈现出另外一种率性的感觉。

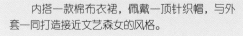

实现街头风格的休闲夹克

细心的妈妈通过帮宝宝进行一番打扮，想让宝宝即使走在街上也能以时尚的穿衣风格赚取大家的回头率，那么一款休闲夹克是必不可少的，穿上它就可以轻松地打造出潮流的街头风格。

休闲夹克打造街头小潮人

经典又时髦的军绿色短款夹克外套搭配一款紧身休闲裤，利落大方的率性感立现。

酷感复古磨白工艺的牛仔夹克永远是休闲时尚的先锋代表。

皮衣外套天生带着一种酷酷的帅气，街头感十足。

纯白色夹克外套可以搭配各种裤子，越简单越休闲。

长版的夹克衫是在街头常见的款式，以随性的休闲气质吸引人。

色彩绚丽的一款夹克，抢眼的休闲款。

斜拉链的设计呈现比较别致的酷范。

斜拉链纯色短夹克属于机车风，既休闲又百搭。

衣服上粉红色和蓝色的叠加，充满了活力的感觉。

具有气质的蕾丝透视长裙，与休闲夹克外套形成混搭风，在街头上绝对是特别的搭配款。

夹克买搭指南：

1. 购买皮革夹克时应选择皮质柔软、无残疵点、色彩均匀，没有明显色差的为佳。
2. 购买夹克时看衣服的车工，应没有修改后露出的针洞痕迹，折边应笔直。
3. 建议去正规童装品牌专卖店购买，比较具有品质保证。

一衣四穿街头时尚范

印有字母的具有较肥大的衣身设计，与卷边牛仔裤共同营造出十分闲适的感觉。

与纱质裙的混搭效果增强女孩子的柔美感，既时尚又漂亮。

换上与夹克外套同色系的紧身休闲裤，视觉上达到和谐统一，休闲范十足。

换上格子衬衫或内搭一款与外套长度约等的素色连衣牛仔裙，不会造成累赘感，轻盈简约。

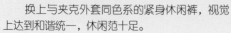

Chapter 3
让宝贝时尚满分的
多变风格

别再因循守旧，让可爱的女宝宝穿着千篇一律的服装！每个孩子都是世界上唯一的花，让她们尝试更多可能，在每个成长阶段都能穿出潮童风格！

精致细节打造公主甜美风

只需要对平日里的穿着多一点用心搭配，简单随性的休闲风也能够变得很时尚，还能够最大程度地让宝宝穿着舒适。

通过细节表达甜美气质

双层网纱的蓬蓬裙更添几分梦幻气息，肩部蕾丝花边设计彰显公主气质。

单品分解

TIPS：

层层薄纱让全身造型多了几分梦幻与浪漫，挺括的蓬蓬裙摆是塑造甜美气质的必备元素，从腰间开始倾泻的褶皱网纱，让宝宝双腿更显修长。

花朵纹路的轻薄白纱舞动着甜美与浪漫，带花边的
小外套与精致的裙摆相映成趣。

单品分解

TIPS：

　　白色的小洋裙，搭配一件别致
的小披肩就能让全身造型更具看点，
小飞袖袖筒与廓形挺括的裙摆相互呼
应，避免了上轻下重的失衡感。

搭配范例

★灰色蝴蝶结开衫 + 立体提花刺绣公主裙
★蝴蝶结系带浅口单鞋
蕾丝立体花簇缀满整个裙摆，彰显奢华宫
廷公主风。

★灰色蝴蝶结开衫 + 花朵镂空蓬蓬裙
★蕾丝镂空芭蕾鞋
蓬松裙摆上唯美清新的镂空印花设计，更添
公主裙的精致感。

★红色针织开衫 + 蝴蝶结绸带波点灯笼裙
★红色 T 型芭蕾单鞋
大气的红色绸带蝴蝶结跃然于腰间，灯笼
裙设计可爱爆棚。

★黑色机车皮衣 + 蝴蝶结肩带蓬蓬裙
★黑色芭蕾小单鞋
公主裙肩上的蝴蝶结系带的款式可爱满分，
高腰设计能塑造高挑比例。

搭配范例

★白色小洋装外套 + 小飞袖双层网纱 A 型裙
★金色浅口小单鞋
甜美的裸色网纱，加以轻盈小飞袖的可爱传达，轻松穿出公主范儿。

★西装小外套 + 双层薄纱收腰连衣裙
★镂空花边浅口单鞋
腰间松紧的款式让腰部更显纤细，让身材比例趋于完美。

★泡泡袖小披肩 + 薄纱刺绣连衣裙
★粉色搭扣小皮鞋
蓬蓬网纱摆裙诠释出甜美、可爱气息，刺绣图案是加分亮点。

★粉色针织开衫 + 半透明条纹连衣裙
★仿漆皮芭蕾鞋
半透明质感轻薄舒适，腰间处的蝴蝶结增添俏皮可爱之感。

朴质元素打造清新田园风

无论是鲜艳欲滴的花朵还是绿油发亮的绿叶，都诠释着返璞归真的愉悦与轻松。高腰娃娃衫、碎花连衣裙、清新格纹衬衫等单品都是田园风格孩子的最爱！

自然元素传达田园风情

外衬白色薄纱的双层裙装设计增强服装的层次感，让小碎花的美好若隐若现。

单品分解

TIPS：

　　浪漫的印花图案是绝对的吸睛元素，清新与甜美兼具的小碎花有种返璞归真的休闲感，把大自然的色彩浓缩在身上，让宝宝吸收更多阳光吧！

清新的蓝白格纹简约而不简单，是打造田园风格不可错过的元素！

单品分解

　　清新的春夏配色孕育出清秀的气质，简约的格纹却也别有韵味，搭配纯白浅口小单鞋，穿出文艺小森女的才情气质。

搭配范例

★薄荷绿针织披肩 + 清新碎花白底连衣裙
★绿叶图案搭扣凉鞋
舒适的小碎花带来清新的视觉感，与鞋子
图案呈现不谋而合的默契。

★洗水做旧牛仔外套 + 方形半袖碎花裙
★白色浅口单鞋鞋
一组清新沁凉的蓝色搭配，是舒适感和造
型感都满分的装扮。

★蝴蝶结针织开衫 + 泡泡袖波点连衣娃娃衫
★白色蝴蝶结浅口鞋
泡泡袖设计彰显大家闺秀的气质，轻盈亲肤
的棉质面料是取胜关键。

★奶昔黄针织开衫 + 元宝领碎花连衣裙
★黄色软皮搭扣小凉鞋
挺括的元宝领童稚气息甚浓，让暖意绵绵
的奶昔黄碎花裙更乖巧可人。

搭配范例

★红色格纹无袖衬衫 + 白色休闲修身短裤
★红色蝴蝶结单鞋
红白格纹衬托出宝宝白皙的肌肤，是舒适
感和造型感都满分的装扮。

★草莓图案立领衬衫 + 粉色休闲修身短裤
★粉色罗马凉鞋
清新可口的草莓图案让人垂涎欲滴，让全身
都散发清香的甜美。

★小雏菊薄荷色 T 恤 + 白色休闲短裤
★帆布芭蕾浅口鞋
清爽的薄荷色沁人心脾，简单的款式更契
合田园风主题。

★小碎花外套 + 棉质高腰吊带裙
★蕾丝镂空浅口鞋
棉质裙装柔软亲肤、质地轻薄，无腰线设计
让宝宝活动起来更舒适灵动。

简单穿着塑造优雅法式风

"To wear dress"永远都是法国女人保持优雅迷人气质的公开秘密！是的，无论是妈妈还是宝宝，美丽的连衣裙就是女人华丽的第二层皮肤，穿上它，优雅随行。

连衣裙打造法式优雅小公主

素雅的色调呈现出衣料纹理质感，简单的款式塑造旖旎的优雅大方。

单品分解

TIPS：

简约不繁琐的图案款式往往最能衬托优雅的气质，不需要过多装饰的累赘，简单的款式让法式风看起来更突出，铺就简洁大方的层次。一条穿脱自如不束缚的直筒连衣裙，让身体从头到脚的舒适。

单品分解

简单的蓝白条纹传递夏日海岸风情，不经意露出的
红色裙摆是别出心裁的小心机。

TIPS：

　　简单的条纹元素是展露简约大方
气质的经典图案，搭配一双简单的浅
口鞋，打造毫不费力的大气优雅，无
论是惬意的下午茶还是正式的宴会典
礼都能穿梭自如，是舒适感与时尚感
兼具的搭配方案。

搭配范例

★西装小外套 + 蝴蝶结腰带格纹连衣裙
★镂空花边浅口单鞋
缠绕腰间的蝴蝶结绸带是全身亮点，典型的午后法式甜心穿搭法。

★小洋装外套 + 几何镂空双层连衣裙
★橘色包边浅口单鞋
别出心裁的镂空设计彰显高贵气息，搭配一双浅口鞋气质满分。

★小飞袖针织披肩 + 大 V 领真丝连衣裙
★暗纹浅口单鞋
蝴蝶结腰带让大 V 领穿在宝宝身上也不会有违和感，反而更添几分俏皮可爱。

★红色针织开衫 + 竖条纹半袖大裙摆连衣裙
★红色搭扣复古小皮鞋
气质十足的竖条纹拉长全身视觉感，大裙摆让双腿更显修长。

搭配范例

★宝蓝色针织开衫 + 波浪线条镂空连衣裙
★黑色芭蕾小单鞋
走线均匀的波浪纹路弱化了丰满的曲线，
更适合丰腴的宝宝穿着哦！

★仿皮机车皮衣 + 黑色条纹假两件套装
★蝴蝶结平底单鞋
黑白条纹是永不过时的经典，是打造休闲法
式风不会出错的装扮。

★西装小外套 + 菱形纹路太空棉连衣裙
★黑色芭蕾小单鞋
挺括的廓形凸显面料的质感，低调的暗纹
更比夸张的装饰更优雅动人。

★小飞袖针织外套 + 宽沿下摆 A 型连衣裙
★银色尖头小单鞋
放宽腰部曲线散发轻松感，领子的钻饰点缀
让这份惬意又不会过于随性懒散。

奇趣单品塑造童话写意风

穿着玻璃鞋的灰姑娘，美丽善良的白雪公主，拥有魔杖的小仙女……每个小女孩心中都筑造着一座童话城堡，妈妈们只要选对了单品，也可以让宝宝瞬间化身童话故事的女主角！

奇趣元素与复古造型塑造童话风格

别致的蕾丝打底裤更添几分梦幻烂漫，大蝴蝶结头饰公主范儿十足。

单品分解

TIPS：

　　质感十足的皮草马甲与麂皮连衣裙彰显高贵气质，材质饱满的款式让身材纤细的宝宝看上去更丰满，时尚度与保暖性两不误。

洋装式斗篷罩衣，复古贝雷帽，仿佛是中世纪城堡里走出来的小公主！

单品分解

TIPS：

公主裙与洋装斗篷罩衫或短装小外套的组合，带来浓浓复古宫廷风，稍显隆重的款式更适合出席宴会典礼，轻松让宝宝成为全场焦点。

搭配范例

★长款呢子外套 + 红蓝格直筒 OP
★黑色搭扣复古小皮鞋
红蓝格纹是复古英伦风的典范，搭配一双
复古小皮鞋更乖巧惹人爱。

★小毛球针织斗篷 + 麂皮半身裙
★麂皮棕色短靴
如童话中小巫女般的斗篷趣味感十足，更
适合手臂粗壮的宝宝穿着。

★娃娃袖立领衬衫 + 动物造型背带裙
★黑色芭蕾平底鞋
趣味十足的背带裙让原本平淡无奇的白衬
衫瞬间灵动起来，造型感十足。

★高腰裙摆卡通 OP+ 黑色 legging
★红色 T 型小皮鞋
红黑搭配足够醒目，高腰裙搭配打底裤是上
松下紧经典穿搭法的最佳表率。

搭配范例

★ 小飞袖针织外套 + 小飞袖薄纱蓬蓬裙
★ 亮粉搭扣芭蕾单鞋
挺括的小飞袖打造如同精灵翅膀的趣味感，
蓬松薄纱更显优美轻盈的身姿。

★ 灯笼袖小披肩 + 白纱吊带小洋裙
★ 黑色芭蕾平底鞋
灯笼袖小披肩的设计让肩部立体饱满，让白
纱小洋裙更具有复古的韵味。

★ 薄纱刺绣连衣裙 + 泡泡袖黑色披肩
★ 粉色搭扣复古小皮鞋
多层薄纱设计增加了裙摆的蓬度，让宝宝
在行走间充满小公主的灵巧可爱。

★ 洋装小外套 + 金色网纱高腰连衣裙
★ 金色浅口芭蕾单鞋
金色网纱公主裙靓丽抢眼，给你的宝宝带来
王室小主人般的尊贵感。

棉麻和针织衣物相搭配，舒适又文艺，非常适合宝宝简洁风格的穿搭；此外，灰白色、条纹、格子等经典配色、元素能让宝宝看起来十分秀气而安静。

灰白黑三色搭配更显斯文

黑灰混纺背带裤复古文艺，搭配格子围巾系起让街拍文艺范十足，存在感强烈。

单品分解

TIPS：

　　牛仔背带裤和白色T恤的搭配持久经典，加上格子布纹围巾让整个造型更完整。

小马甲的搭配让整个造型更显活力，条纹伞裙打破了沉稳的色调让女宝宝更活泼。

单品分解

TIPS :

　　黑白灰的经典搭配基本不会出错，裙子上玫红色彩腰带装饰点缀整个搭配。

搭配范例

★吊带背心 + 黑色休闲裤
★印花高帮帆布鞋
休闲运动的搭配，用印花帆布鞋提亮整个
造型的色彩。

★星星印花 T 恤 + 收口休闲裤
★白色运动鞋
深墨绿色的休闲裤为整个造型带来
一抹沉静。

★蕾丝有领衬衣 + 黑底星星打底裤
★蝴蝶结公主鞋
黑白搭配经典，蕾丝衬衣的设计别具一格，
让宝宝更显精神。

★蕾丝镂空上衣 + 黑色休闲裤
★粉边花朵公主鞋
蕾丝镂空单品是近年来十分流行的元素，
搭配黑色休闲裤更显斯文。

搭配范例

★圆领娃娃衫 + 黑灰混色打底裤
★蝴蝶结公主鞋
可爱的娃娃衫和公主鞋相搭配，黑灰混色打底裤将反差的黑白两色连接。

★蕾丝镂空上衣 + 黑底星星打底裤
★白色运动鞋
要实现混搭精神，大胆地将不同风格的单品相搭配，能创造出意想不到的效果。

★蕾丝有领衬衣 + 黑灰混色打底裤
★粉边花朵公主鞋
想让宝宝更有精气神，可以尝试为宝宝搭配有领衬衣。

★黑色蕾丝镂空上衣 + 收口休闲裤
★印花高帮帆布鞋
最潮时尚单品相互搭配，只要色彩和谐，亦可打造星味十足的宝宝。

层次叠搭塑造英伦简约风

英伦多运用苏格兰格子、良好的剪裁，以及简洁修身的设计打造自然、优雅、含蓄的风格。用学院风来打扮宝宝的英伦气质更简单纯粹。

得体衬衣突显简洁端庄

剪裁合身线条流畅的背带长裙简洁舒适，英伦的风格通过衬衣和裙子凸显出来。

单品分解

TIPS：

用有领衬衣搭配线条简洁流畅的背心裙或背带裙，造型干净利落更显宝宝精神。

长短合适、剪裁独特的背心裙，彰显女宝宝高挑的身材和大方的气质。

单品分解

TIPS：

　　复杂的背带蛋糕裙和极简白色衬衣相搭配，用有层次的穿搭打造宝宝可爱动感的造型。

搭配范例

★ **蕾丝条格平布连衣裙 + 中筒棉袜**
★ **拼色公主鞋**
格子有领连衣裙配上蝴蝶结童袜,一股浓浓的学院风铺面而来,更显清新脱俗。

★ **V 领针织开衫 + 百褶半身裙**
★ **牛仔衬衫**
宽松的针织开衫和牛仔衬衣较为中性,女宝宝穿着时带来独特的帅气与魅力。

★ **蝙蝠袖罩衫 + 百褶半身裙**
★ **流苏牛津鞋**
简单的单品却不单调,英伦风十分强烈的流苏牛津鞋透漏出英伦经典气质。

★ **蝴蝶结外套 + 蕾丝连衣裙**
★ **拼色公主鞋**
蕾丝和蝴蝶结的搭配,是突出甜美气质的一大奥义,修身剪裁更显精神。

搭配范例

★ 无袖蝴蝶结衬衣 + 百褶裙

★ 流苏牛津鞋

经典的英伦学院风搭配，长款百褶裙和牛津鞋的加入演绎优雅的英伦腔调。

★ 无袖蝴蝶结衬衣 + 百褶半身裙

★ 中筒棉袜

衬衣和裙子色彩和谐有层次感，颜色相互呼应，造型不冲突。

★ V 领针织开衫 + 蕾丝连衣裙

★ 素色裤袜

早春搭配中绿色带来绿色清新自然，赶走冬日的严寒和沉闷，为初春带来暖意。

★ 蕾丝条格平布连衣裙 + 蝴蝶结外套

★ 拼色公主鞋

裙子和外套的颜色明亮清新，展现时尚、浓郁的浪漫主义。

至简单品呈现简约中式风

打造简约风格的中式搭配，可以选择宽松的棉麻质地单品，让宝宝看起来平淡自然，含蓄委婉，搭配中式元素更有内涵。

纯棉文艺搭配更受瞩目

棉麻材质圆领长袖上衣搭配深色系的裤子，立领设计中的扣子加入俏皮感。

单品分解

TIPS：

　　小立领运用在宝宝衣服的设计中，显得精神十足，草编鞋底的搭配更添趣味。

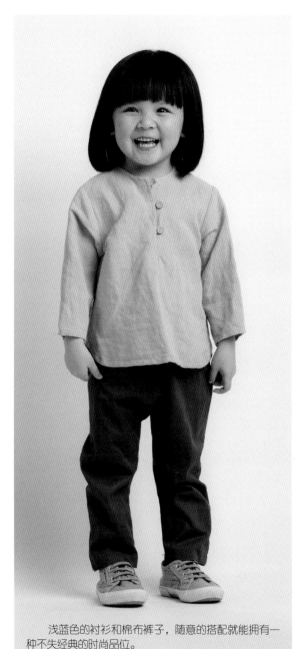

浅蓝色的衬衫和棉布裤子，随意的搭配就能拥有一种不失经典的时尚品位。

单品分解

TIPS：
用干净纯粹的黑白灰经典搭配色搭配金色星星点亮造型，特别设计的立领更显斯文。

搭配范例

★绿色开衫 + 宽松印花连衣裙
★蕾丝镂空单鞋
清新宽松的连衣裙带有印花，搭配绿色的针织衫，给人以一种平易近人的感觉。

★刺绣短 T 恤 + 纽扣短裤
★蕾丝镂空单鞋
刺绣上衣和镂空蕾丝单鞋相呼应，既简洁又考究。

★格纹印花衬衫 + 纽扣短裤
★帆布高帮休闲鞋
长款的衬衫搭配白色短裤，简单的色调和搭配，还原格子衬衫本身应有的味道。

★浅色牛仔布衬衣 + 口袋饰长裤
★帆布高帮鞋
不必纠结浅蓝色的衬衣如何搭配裤子，用白色或是黑色裤子做搭配是最好的选择。

★茧型牛仔连衣裙 + 纽扣装饰针织外套
★蕾丝镂空单鞋
虽然颜色和款式都至简至纯，但从视觉上都
不显廉价单调，反而更显细致、经典。

★圆领印花衬衣 + 绿色开衫
★口袋饰长裤
草绿色的针织开衫轻搭配印花衬衣和简单的
长裤，让女宝宝清爽可人。

★口袋条纹衬衫 + 口袋饰长裤
★帆布高帮休闲鞋
清新的粉白色条纹衬衣，搭配白色长裤和
粉色休闲鞋，从颜色上表现简约风格。

★口袋条纹衬衫 + 纽扣短裤
★结绳蝴蝶结公主鞋
条纹能够遮掩身材缺陷，过于娇小单薄的
宝宝，可以用条纹衫来改善和修饰。

层次叠搭出日系闲适风

利用简洁线条的休闲单品简单的搭配，即便是朴素、平庸的单品也会使宝宝看起来与众不同、清新自然。

 ## 素色服装搭配更显自然气质

单品分解

沉稳低调的颜色配上亮色的T恤，纯棉质地彰显文艺、自然的气息。

TIPS：

牛仔裤和T恤的搭配最为简单、经典，加入高帮休闲鞋使整个造型休闲、舒适。

简单的白色 T 恤打底，搭配颜色轻快的牛仔裙，洋溢着女宝宝的朝气。

单品分解

TIPS：

　　素色衣物中运用少量亮色花边或配饰点缀，能起到点亮整个搭配的作用。

★ 绒球饰边蕾丝连衣裙 + 花边大圆点短袜
★ 浅蓝色波点公主鞋
纯白色蕾丝裙就如同月光般柔美，可用浅蓝色鞋子来弥补不足。

★ 蓝白条纹衬衣 + 圆扣针织开衫
★ 花边休闲裤
搭配中运用大面积的深色单品，这类搭配最适宜肤色较黑的宝宝。

★ 单扣毛线开衫 + 蓝白条纹衬衣
★ 层叠薄纱半身裙
用浅蓝色和白色化解了秋冬的厚重感，初春时节可为宝宝们搭配这类单品。

★ 绒球饰边蕾丝连衣裙 + 柔软蓝色开衫
★ 编织网格单鞋
连衣裙和开衫的搭配简单百搭，颜色明媚温柔，此款搭配灵动、适闲。

搭配范例

★ **碎花抽褶衬衫（上衣）+ 层叠薄纱半身裙**
★ **金属装饰公主鞋**
碎花和半身裙的搭配让人如沐春风，展现
柔美、舒适的感觉。

★ **灰色方领连衣裙 + 蓝色柔软开衫**
★ **浅蓝色波点公主鞋**
灰色属于百搭色彩，能够和其他颜色打造出
新风格，此款搭配则非常优雅、斯文。

★ **灰色方领连衣裙 + 单扣毛线开衫**
★ **编至网格单鞋**
若家长们不懂如何搭配简单随性的造型，
可以用黑白灰三色经典来搭配单品。

★ **碎花抽褶衬衫 + 灰色打底裤**
★ **金属装饰公主鞋**
款式和色彩都至纯至简，碎花给整套造型增
加了温馨可人的感觉。

★ 精致细节体现优雅淑女风 ★

淑女范不仅仅是从宝宝的举止体现出来，给人深刻的第一印象往往是服饰搭配，通过精致的细节搭配就可以让人第一眼就感受到宝宝的优雅气质。

从细节散发优雅淑女范

单品分解

黑白色的经典搭配，波点图案透露出复古小清新风格，搭配一个相同波点元素的发箍相呼应。

TIPS：

　　要倾向于选择细节具有美感图案的服饰，贴合女孩子风格气质的为佳，搭配的单品也不能与主要的气质脱离，不然会造成突兀感。

红色的连衣裙带来热情的感觉，外搭的花朵装饰披肩小外套体现出女孩含蓄的优雅。

单品分解

TIPS：
密集的彩色印花搭配素色的款式，高帮运动鞋加入休闲风格。内搭与外搭的服饰需要达到相互协调，即简单配复杂，即使是简单的款式也要选择细节具有亮点的设计。

搭配范例

★蕾丝棉质上衣 + 印花超短裤
★光感仿皮凉鞋
蕾丝元素与植物印花的叠加营造出清新自
然的风格。

★花朵网纱连衣裙 + A 字风衣外套
★翻边短靴
精致纹理的连衣裙搭配简洁的风衣外套显示
出低调的优雅。

★爱心白色 T 恤 + 波点背带连衣裙
★粉色帆布鞋
简单的爱心白色 T 恤和牛仔背带裙的搭配
显得可爱，搭配帆布鞋更活泼。

★猫咪 T 恤 + 薄纱半身裙
★芭蕾浅口皮鞋
猫咪 T 恤充满童趣搭配甜美风格的半身裙，
符合女宝宝的气质。

搭配范例

★碎花牛仔吊带连衣裙 + 钩针马甲外套
★蝴蝶结凉鞋
具有相同气质的碎花、蕾丝和蝴蝶结元素组合在一起增强甜美效果。

★编织流苏背心 + 迷你半身裙
★翻边短靴
飘逸的流苏上衣搭配欧美西南风的半身裙，穿上短靴是富有个性的一套组合。

★条纹吊带上衣 + 休闲短裤
★条纹懒人鞋
经典的条纹和纯白休闲短裤搭配懒人鞋显得格外轻松休闲。

★民族风印花背心 + 印花拼接半身裙
★编织扣带凉鞋
民族风的上衣和复古花朵半身裙是一款极具特色的穿搭风格。

★ 慵懒穿搭轻松实现森女风 ★

走在街上，"森女"们的辨识度很高，穿着风格是宽松、随意，散淡、粗犷中追求精致细节，通过慵懒的穿搭也可以将宝宝打造成一个温暖的森林系女孩。

打造慵懒的森女感觉

单品分解

宽松的衣服和小短裙让宝宝更显天真，佩戴一个藤编蝴蝶结扣子头饰，渲染出森女的气质。

TIPS：

素色的款式更能体现出一种慵懒、惬意的舒适感，搭配一些单品加强韵味。

单品分解

TIPS：

　　多彩格纹给暗沉的灰色吊带裙带来一些活泼的气息，比较适合宝宝这个年纪的穿搭。

棉麻的上衣搭配格子半裙，简洁的款式就是森女追求的风格。

搭配范例

★ 碎花衬衫式连衣裙 + 黑色短靴
★ 针织无檐帽
丰富的碎花搭配简洁的黑色靴子，一款碎花主题的森女风格穿搭。

★ 刺绣吊带连衣裙 + 蝴蝶花凉鞋
★ 宽檐草帽
民族风的吊带上衣搭配的草帽呈现出具有惬意的风情气质。

★ 彩色花朵连衣裙 + 针织长袖开衫
★ 银白色单鞋
大花朵图案吊带去裙搭配素色针织开衫，显得温暖而随意。

★ 蝙蝠袖上衣 + 立体褶皱吊带连衣裙
★ 花朵装饰平底鞋
皱褶的连衣裙外搭一件棉质纯色镂空针织衫，简单的款式组合出慵懒的感觉。

搭配范例

★ **V 领混色短袖 T 恤 + 宽松印花直筒长裤**
★ **格纹平底单鞋**
上衣和裤子都是宽松的简洁款，搭配略圆头
的平底鞋符合森女气质。

★ **几何印花连身短裤 + 长袖开襟针织衫**
★ **流苏短靴**
针织开衫是森女必备单品，内搭的几何印花
连体裤和流苏短靴增添了俏皮感。

★ **圆领短袖 T 恤 + 几何印花**
★ **麻底便鞋**
素色搭配几何图案，既不单调也不张扬，
散发闲适之感。

★ **格纹宽松连衣裙 + 流苏围巾**
★ **灰色长筒靴**
灰色格纹的长款连衣裙通过长靴和流苏围
巾来提升气质和加强特色。

经典单品打造清爽学院风

学院风代表年轻的学生气息、青春活力和可爱时尚，以百褶式及膝裙、小西装式外套居多，经典的格纹形成的英格兰学院风是可以为宝宝选择的款式之一。

 ## 运用经典元素还原学院风格

单品分解

以格纹为主打的英伦学院风格，是生活中一种流行的时尚元素。

TIPS：

　　格纹衬衫和直筒的休闲长裤形成利落的学院风格，一顶鸭舌帽更显潇洒。

可爱的娃娃领搭配花边混搭背带裙，再现经典而流行的穿着搭配。

单品分解

TIPS :

　　衬衫和条纹元素都是学院风的代表，再搭配牛仔裤和运动鞋加强孩子充满活力的感觉。

搭配范例

★泡泡袖女式衬衫 + 格纹半身裙
★亮片休闲鞋
白衬衫和灰色格纹半身裙的搭配是最简单的学院风穿搭组合。

★荷叶边裙摆短袖连衣裙 + 黑色打底裤
★条纹平底凉鞋
大方格纹的荷叶边连衣裙，搭配一款黑色打底裤显得清新而斯文。

★亮片爱心条纹连衣裙 + 百搭针织开衫
★黑色翻边短靴
以红色为主的服饰款式，充满了热情和活力。

★格纹衬衫连衣裙 + 系带高帮休闲鞋
★时尚手提包
蓝色的衬衫式连衣裙充满海军风，搭配一双同样具有格纹的鞋子来相呼应。

搭配范例

★碎花木耳边连衣裙 + 波点尖头平底鞋
★条纹挎包
碎花的元素永远是受到女孩欢迎的款式，搭配的平底鞋充满了优雅和甜美。

★格纹长袖衫 + 大摆折叠腰半身短裙
★镂空休闲平底鞋
格纹衬衫和素色半身裙的搭配也是经典穿搭之一，风格比较自然和内敛。

★牛仔衬衫式连衣裙 + 白色打底裤
★亮片高帮帆布鞋
牛仔衬衫一直流行的单品，用白色打底裤和帆布鞋进行搭配显得休闲。

★波浪形扎染 T 恤 + 运动半身裙
★休闲运动鞋
一款比较偏向于运动的学院风穿搭系列，充满了青春和活力的气息。

★ 高街元素穿出随性街头风 ★

通俗的风格已经不再能满足时尚爸妈的搭配需求了，将大热人气的高街时尚融入日常穿搭，大气随性的设计，让宝宝与潮流更加贴近，从此不再丑小鸭，气场强大更有大牌的范！

简洁廓形打造随性街头感

单品分解

宽松的五分牛仔背带裤和撞色T恤相搭，十足的街头小潮人。

TIPS：

经典的星星图案在重新改写之后，再次回到时尚舞台，只要搭配合理，休闲卫衣同样能让女孩成为时尚达人。

单品分解

水洗牛仔裤是不变的经典，在舒适中还演绎出时尚街拍的风格，帅气的造型能使能让整个造型充满了设计感。

搭配范例

★ 灰色猫咪图案 T 恤 + 慢跑运动裤

★ 条纹运动鞋

运动风格以其阳光舒适的形象成为街头风格中经久不衰的经典。

★ 仿皮机车夹克外套 + 经典打底吊带 T 恤

★ 米奇运动长裤 + 套脚斜纹布鞋

酷女孩永远都会必备一件机车夹克，永不过时的百搭单品。

★ 卡其色派克大衣 + 花朵图案圆领衫

★ 心形做旧紧身牛仔裤 + 系带靴

派克大衣在搭配时无可挑剔，散发着军旅帅气英姿还能营造时髦街头范。

★ 条纹蜻蜓连帽衫 + 牛仔短裤

★ 流苏半高靴

简单而个性鲜明的条纹，从 T 台到街头，谁也抵挡不住条纹装的魅力。

搭配范例

★ **连帽长袖卫衣 + 小碎花印花马甲**
★ **亮蓝色休闲紧身牛仔裤 + 针织套穿靴**
碎花马甲的休闲范搭配提升女生甜美度的
糖果色连帽衫，让街头风也能可爱！

★ **标语流苏 T 恤 + 牛仔短裤**
★ **角斗士凉鞋**
流苏 T 恤已经能让宝宝足够拉风，再穿上做
旧的牛仔短裤，随意却也帅气十足。

★ **仿麂皮宽檐爵士礼帽 + 低腰七分袖连衣裙**
★ **碎花短袜 + 经典系带牛津鞋**
对于想偷懒的家长来说，一顶爵士帽就可以
让宝宝告别平庸的打扮。

★ **焦糖色运动衫 + 牛仔短裤**
★ **经典修身打底裤 + 黑色热封机车靴**
修饰腿型的打底裤搭配个性十足的牛仔短裤
与机车靴，打破运动衫单调与沉闷！

Chapter 4

学会入世礼仪的场合穿搭

无视场合让孩子胡乱穿衣是父母的粗心失职！
穿衣打扮不仅仅是在表达自己，更是一种入世礼仪。
通晓各种场合的穿搭秘诀，让宝宝轻松脱颖而出！

班级春游应打扮舒适得体

学校偶尔组织的春游活动，如何进行一番打扮让宝宝能够更好地融入户外环境中，并且保证服饰的舒适度，以便宝宝可以在春游中尽情地放松和玩乐，是需要考虑的重点。

背带式牛仔裙搭配格子衬衫，适合在日常生活中的穿搭，让宝宝体现出休闲的状态，也不失女孩子的甜美范。

舒适得体两不误

宝宝春游出行的服饰选择要考虑到多方面,而舒适中体现出一番休闲和得体则应该是重点参考的风格。

　　一款比较充满童趣的搭配方案,整体搭配都偏向于粉色系。高邦运动鞋和宽松版的牛仔裤方便运动的同时也很休闲。同样具有卡通印花图案的T恤和背包相互呼应,让宝宝在人群成为最可爱的那一个。

　　衬衫式的连衣裙搭配一条腰带显得随意自然。下半身穿紧身的九分打底裤更方便宝宝进行玩乐活动,搭配一款闪亮的银白休闲鞋不会显得乏味暗沉,戴上豹纹棕色墨镜,让宝宝个性十足。

具有
海军风格的连衣裙
再穿上一双小白鞋，显
得清新自然，而草编帽子
的佩戴则增加了更多的
活泼气息。

突破刻板的运动系列

　　春游的装扮不一定是死板的运动服，符合宝宝气质和天性的服饰搭配也非常重要，要做到能够与环境融合又不失宝宝的特色。

　　具有民族风情的连体裤可保证进行自由活动。搭配一款夹趾凉鞋令宝宝能够更加轻快地出游。短兔耳朵发带加强了整体造型的时尚感，而卡通印花的布袋不论是作为搭配装饰或者装放物品都是很不错的选择。

　　就算是外出春游也不能忽略女孩子的爱美天性，此款搭配方案能够将宝宝打扮成出更天真的气质。蕾丝边饰的 T 恤和红色波点半身裙二者气质接近且比较亮眼。搭配亮皮的平底鞋加强现代摩登感，白色大花朵的发饰成为整个淑女装扮的点睛之笔。

参加运动会穿出活力朝气

　　运动会是考验宝宝体能的一项活动，宝宝在运动会中得到好的发挥，一套舒适的服装是必不可少的，在服饰的搭配上也尽量不要选择有累赘的或过于紧绷的，让宝宝以最充满活力的状态来参加运动会。

宽松的棉质上衣和柔软的打底裤都是属于舒适的服饰，可以更方便地进行各种运动。

休闲与美感的统一

　　运动会的装扮要素就是以运动风格为主，但是也要兼顾到休闲和美感的统一，才能让宝宝成为出众的小运动员。

　　玫红色的运动T恤显得充满活力。搭配抽绳式的棉质运动裤非常方便穿着和运动，款式风格都比较休闲。带亮片的搭扣式运动鞋不会显得呆板，兼顾了实穿和美感。再让宝宝背上一款粉红水壶，随时补充能量。

　　卡通印花T恤和运动短裤形成经典的黑白配，并且二者都是比较透气、轻快的款式，保证宝宝在运动中不受束缚。网格豹纹平底鞋与裤子在色调上呼应。戴上一顶棒球帽既能遮阳也是运动休闲装备的重要单品之一。

衬衫
和背带裤的搭配属
于休闲风格比较强烈的
一款，宽松和舒服的面料
也同样能够满足宝宝随
意运动的需求。

简洁款搭出个性风

简洁的款式往往比较舒适，通过搭配来体现整体协调性和运动感，彰显宝宝独特的个人风格。

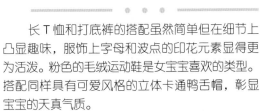

　　长 T 恤和打底裤的搭配虽然简单但在细节上凸显趣味，服饰上字母和波点的印花元素显得更为活泼。粉色的毛绒运动鞋是女宝宝喜欢的类型。搭配同样具有可爱风格的立体卡通鸭舌帽，彰显宝宝的天真气质。

　　灰色的长袖外套内搭一款运动风格的背心。穿上和外套相近色系和风格的九分裤体现出整体的协调感，适合秋冬季的运动会穿搭。紫红色的休闲双肩包可以收纳一些必备物品，实用的同时也加强了动感。

参加小朋友的生活聚会派对

宝宝受到小朋友的邀请参加派对，心情一定是非常高兴的，那么在服饰上也要体现出快乐的感觉。通过明亮的服装色彩与其他单品搭配来装扮一个充满着快乐因子的派对精灵。

纯白的缎面连衣裙显示出正式和品质，搭配尖顶巫师帽增强孩童的可爱气质。

明暗结合突出亮色

色彩明亮的服饰会给人带来愉快的心情，但要注意其他搭配的相互中和，不要把宝宝塑造成"圣诞树"。

连衣裙在色彩上要比较艳丽和喜庆。绚丽的色彩再搭配黑色小单鞋就不会让人觉得眼花缭乱，蝴蝶结的装饰增添了一些优雅的感觉。西瓜状的斜挎包既精致又充满了趣味性。再用花朵发夹作为点缀，整体搭配充满了高贵的气质但又不会显老气。

柠檬黄的连衣裙色彩鲜活明亮，用腰带来装饰略宽松的裙子，也比较显身材。流苏露趾凉鞋带有一点民族风情。搭扣式的设计并不会使凉鞋看起来显得与不正式。彩色的手链提亮整体装束的色彩感，也与连衣裙相呼应。

针织款
连衣裙的设计亮点在于
褶皱的袖子，具有可爱
气质又不失气场。

用闪亮配饰打造小公主

参加派对的服饰尽量选择比较正式和有品质的，再通过其他配饰的搭配来迎合派对的主题氛围。

裸粉色的印花连衣裙裙身微喇，风格天真可爱。穿上一双具有同样气质的粉色芭蕾浅口鞋。搭配流苏斜挎包完善了整体的搭配，彰显淑女范。带上耳朵形状的发箍把宝宝可爱的天性展现出来，而镶嵌的亮钻与整个装束的气质吻合。

白色连衣裙款式有型，显得比较有质感。搭配一双亮皮的T字小皮鞋乖乖女的形象立现。用亮色系的花朵项链配饰来点缀素色裙子，使服饰不会因为颜色的淡雅而毫无亮点。用星星状的发饰装点头发，把宝宝打造成为一个小公主。

★ 参加家庭聚餐如何穿讨人喜爱 ★

去参加家庭聚餐，如何将宝宝打扮得人见人爱？可以根据宝宝的特点进行风格搭配，可爱的、甜美的、乖巧的风格都可以通过服饰的搭配在宝宝身上展现出来，成为一个受到长辈喜爱的小朋友。

细格子的
背带裙搭配白色上衣，
裙摆和上衣袖口都属于比
较宽大的类型，呈现出
可爱的味道。

彰显乖巧赢得长辈赞许

小孩子天生就具有着可爱的气质，通过服饰的搭配把这种可爱感尽情展现出来，打造一个乖娃娃。

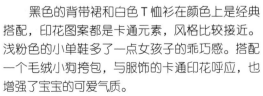

黑色的背带裙和白色 T 恤衫在颜色上是经典搭配，印花图案都是卡通元素，风格比较接近。浅粉色的小单鞋多了一点女孩子的乖巧感。搭配一个毛绒小狗挎包，与服饰的卡通印花呼应，也增强了宝宝的可爱气质。

粉色的蕾丝长 T 恤气质甜美。下半身穿上一条气质相同，面料接近的裙子，这样子相近的元素搭配就不会显得突兀或者不搭。粉色的浅口芭蕾鞋由于鞋面上的花朵设计就更显甜美。用一个星星发箍来装饰宝宝的发型，乖巧可人。

外层
裹着薄纱的长款棉
布连衣裙不会显得土气，
搭配一款针织带毛马甲，
普通的款式搭配起来具
有自身的特色。

巧用配饰更显落落大方

小朋友举止有礼貌，服饰搭配也显得落落大方，这样必定能受到长辈们的喜爱。

短款的针织外套款式简洁。内搭一件印花图案丰富的豹纹背心裙，相互协调。由于裙身并不是很长，所以可以搭配一双高帮亮皮懒人鞋，修饰宝宝裸露的腿部。斜挎一个银白色的单肩包，透露出一点休闲的感觉。

宝蓝色连体裤搭配亮皮小单鞋，显得简洁大方。背上一个带亮片双肩包让宝宝展现充满活力的状态，在色调上也和服饰相搭。如果担心服饰有点单调，还可以让宝宝戴上一个花朵装饰发箍，增加甜美的感觉。

同妈妈一起参加高雅音乐会

出席不同的场合要穿着不同风格的服饰，小朋友也是一样，参加高雅音乐会的氛围需要为宝宝搭配比较正式和有品位的服饰，需要避免太过于运动休闲风格的服饰，这样才能与音乐会的环境相协调。

宝蓝色比较显气质，纱质连衣裙的甜美风格让宝宝像个小公主。

配饰与服装缺一不可

不仅在衣服的选择上需要用心，配饰的选择也是增强宝宝气质的重要物品，二者相互弥补和协调。

薄荷绿色的连衣裙风格淡雅灵动。搭配一串镶钻项链显示出高端品质。亮皮的平底鞋具有质感，和服饰的风格属性契合，让宝宝散发出优雅的气质。搭配一个花朵装饰的小单肩包，符合孩子天真可爱的性格。

过膝款的连衣裙质地蓬松，束腰的设计显得更加可爱。穿上一双金属色的包头单鞋比较正式。由于吊带款的裙子裸露的手部位置比较多，因此可以为宝宝戴上一个玫瑰红色线手镯进行装饰，再在头发上用一个闪亮的发箍来点缀。

从发箍到鞋子都是
使用与裙子相近色系的
单品，从细节上与层层重
叠的裙子相呼应。

点睛单品突出亮点

选择与音乐会氛围协调的服饰和配饰，要为宝宝打造出具有亮点的地方，风格既不突兀又具特色。

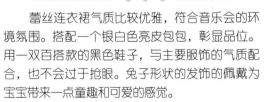

　　蕾丝连衣裙气质比较优雅，符合音乐会的环境氛围。搭配一个银白色亮皮包包，彰显品位。用一双百搭款的黑色鞋子，与主要服饰的气质配合，也不会过于抢眼。兔子形状的发饰的佩戴为宝宝带来一点童趣和可爱的感觉。

　　撞色镶边白色直筒连衣裙，搭配一双藏青色的打底裤袜，款式简洁而正式，显得比较文静。深色系的服饰通过一双金色的鞋子来进行提亮，使整体搭配不至于黯淡无光。头发上再戴上一对珍珠发夹，让宝宝充满了甜美气质。

去游乐场度过快乐周末

周末恐怕是宝宝最开心的时间了，大人们可以趁着周末带着宝宝去游乐场愉快地玩耍，出门之前当然需要将宝宝打扮一番，根据游乐场的环境和方便宝宝活动为前提，可以搭配休闲或者简洁利落的服饰风格。

简单的
T恤和几何图形短裤，略微宽松的款式营造出休闲的感觉，棉质的布料保证宝宝可以尽情的玩耍。

明亮色彩彰显快乐心情

为了融入游乐场的欢乐气氛中，可以搭配明亮色系的休闲服饰，同时也方便宝宝进行玩耍。

粉色的格子衬衫充满文艺淑女范。搭配一条罗纹腰设计的牛仔裤，显示出休闲的状态，膝盖的加厚设计就不必担心宝宝在玩耍时磨破裤子。一双彩色的印花图案运动鞋与牛仔裤是完美搭配，都属于潮流单品。戴上卡通印花的渔夫帽既显休闲又可遮阳防晒。

假两件的上衣属于运动系列里的休闲款，印花图案也比较符合女宝宝的气质。搭配一条黑色的七分打底裤和一双色彩鲜明的运动鞋，让人感受到一个充满活力的宝宝，无论是衣服还是鞋子都非常适合宝宝运动。橙色的卡通双肩包则充满了童趣。

软萌的冰淇淋色搭
配充满了可爱俏皮的感
觉，蓬蓬纱裙和可爱的梨
子图案更显纯真。

童趣元素营造欢乐氛围

玩乐时光适合搭配休闲的服饰，也可以搭配一些比较具有童趣的或者可爱的配饰迎合游乐场的氛围。

连体裤的植物元素的印花图案带来一股清新的体验。戴上字母项链配饰更显趣味和活泼。一双橘色的罗马凉鞋也配合了吊带式的服饰风格，为了加强休闲的感觉，还可以为宝宝搭配一顶草编帽。

白色流苏字母T恤具有个性。外搭的牛仔背带裙，裙摆的层叠设计彰显可爱。一款水果印花图案的布鞋具有乖巧的气质，舒适的款式也方便宝宝随意活动。粉色猫耳朵的发箍带来更多孩童的可爱气质。

★ 户外活动时如何穿出轻松惬意感 ★

户外活动时往往需要穿着舒适的衣服才能更好地去感受快乐，在服饰的搭配上建议避免选择繁复累赘的款式，轻松惬意的服饰搭配法则能让宝宝展现更充沛的活力。

黑色长T恤
搭配黑色拼接皮质长裤，
具有朋克风格，显示出宝
宝酷劲十足。

潮流元素提升吸睛度

在为宝宝搭配舒适服饰的同时不要忽略了加入一些时尚潮流元素，可通过单品的搭配来达到效果。

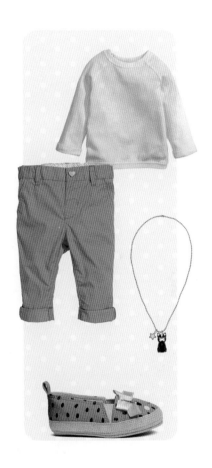

连帽式的长袖卫衣，色彩鲜明充满活力的感觉。搭配素色的半身裙不会与上衣产生冲突，反而相互协调达到视觉的平衡感。穿上黑色的低筒靴加入休闲的感觉。一个具有个性的双肩包是户外运动的必要装备。

冰淇淋渐变色是最近流行的颜色，长袖T恤风格也比较清新可爱。穿上一条玫红色的休闲裤搭配西瓜元素的帆布鞋，既舒适又具有休闲的感觉。为了使宝宝的服饰穿搭更具有特点，还可以戴上一条动物小挂件，加强可爱的趣味。

V领针织毛衣颜色
亮眼，和具有质感的皮
质长裤相互弥补，透露出
一种闲适的感觉。

创意混搭打造百变小公主

可通过多变的搭配方式来展现不一样的休闲风格，同时也不要去掉女孩本身天生的童稚气质。

粉色的小猫斜挎包装饰的长T恤特别可爱，宝宝穿上会显示出乖巧的感觉。搭配比较具有潮范的磨白牛仔裤和高帮帆布鞋适合在户外玩耍，也非常休闲。再为宝宝戴上一条粉色的发带，加入一些甜美的风格。

袖子拼接的长T恤外搭一件毛衣斗篷，动物图案的装饰符合孩童天真天性。下半身穿上碎花裙子，色调和毛衣斗篷接近，不会产生强烈的突兀感，形成比较文静的感觉，也方便宝宝随意活动。一双淡粉色软底鞋与整体搭配的风格相呼应。

逛街游玩也要用心打扮

出门逛街会面对形形色色的人，这时候更应该将宝宝好好打扮一番，通过用心的搭配，打造一个穿搭具有独特风格的小潮人，展现多元化的街头时尚，让宝宝在人群中成为抢眼的那一个。

格子
连衣裙在颜色上夺
人眼球，清新的蓝色带
给宝宝更多乖巧的感觉。

大胆尝试展现独特风格

逛街的穿搭风格可以随性发挥，不会受到环境的约束，尽情帮宝宝展现个性。

精致细腻的佩斯里花纹裙摆充满了具有印度风情。搭配一双中性的骑士短靴形成强烈的混搭风，别具一格的搭配方式。戴上一顶草编帽子渲染休闲感。红色边框的墨镜可作为搭配挂在胸前，也可佩带起来走在街上显出十足的酷范。

上身打褶，荷叶边裙摆的连衣裙款式设计，加上动物图案印花，充满可爱的风格。穿上一双浅色凉鞋，与裙子气质接近。用一个金色发圈为宝宝扎起一个马尾，彰显潇洒利落。搭配狐狸图案的背包，即使作为搭配的单品也是非常有个性的选择。

娃娃领的棉质上衣
和搭配的裙子气质相同，
体现出斯文，搭配一只硬
皮挎包凸显时尚个性。

巧妙搭配突出造型亮点

通过搭配凸显服饰亮点，让宝宝在逛街的路上不会平凡得沉没于路人中，成为造型抢眼的小朋友。

相较于连衣裙，碎花衬衫把视觉张力浓缩至上身范围，繁复碎花穿搭准则关键之处在于视觉焦点的轻重。用简单色调的半身裙进行搭配，分出主次。一双卡其色靴子渲染出街头的时尚感，绚丽的头箍加入一点民族风情特色。

休闲的背带裤"进化"成了各种时尚的款式，黑色波点款的背带裤简单内搭一件白色衬衫就能时髦出街，显得活泼俏皮。与背带裤最合拍的无疑就是休闲鞋，走在街头能体现出轻松的惬意。一个彩色腕表造型的塑料弹力手镯则作为装饰进行搭配。

全家出动拜访亲友

　　带着宝宝出门拜访亲友，在服饰上将宝宝打扮得大方得体，还可以根据宝宝的特点，通过精心地搭配，展现出最可爱的一面，赢得亲友们的喜爱。

简单的格子衬衫带来休闲的率性感，蓬蓬纱裙带来了甜美的气质，衣服的搭配层次感十足，粉嫩和谐的颜色更显亲和。

拒绝刻板的保守与平庸

为宝宝搭配得体的服饰并不代表是平凡而保守的，要搭配出宝宝独特的个性和风格。

娃娃领的碎花长袖T恤并不会显得单调。搭配一条仿皮的百褶半身短裙，扎腰穿法更显利落。再穿上一条打底裤就不会造成裙子太短而暴露了太多的腿部，同时也具有修身的作用。穿上机车靴则添加了一些帅气，也迎合皮质短裙的气质。

狐狸图案的毛衣和牛仔背带裤具有孩子天真的气质，充分发挥了动物元素带来的童趣。佩戴的帽子也是通过动物印花的图案来展现出活泼可爱，与毛衣的风格相协调。搭配一双粉色懒人鞋，在颜色上与主要服饰呼应，细碎亮片充满时尚感。

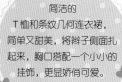

简洁的
T恤和条纹几何连衣裙，
简单又甜美，将辫子侧面扎
起来，胸口搭配一个小小的
挂饰，更显娇俏可爱。

丰富造型感是关键

即使是比较简洁的款式也能够打造出更惹人喜爱的造型，通过丰富的搭配来体现出妈妈的用心。

白色半袖针织上衣和仿麂皮半身裙都属于简单款，但是二者赢在气质，互相搭配出一种休闲的正式感，并不会让人觉得穿着很随便，显示出拜访亲友的用心。穿上一双同样是简洁款式的布鞋，具有乖巧的感觉。豹纹发箍可作为头部装饰来完善造型。

粉色条纹和白色裙摆是比较纯净的颜色，和宝宝单纯的性格特点合拍，并且具有清新的风格。吊带式连衣裙则需要搭配同样具有清凉感觉的粉色凉鞋。佩戴上饰花呢帽更显休闲俏皮。一个彩色包包带来一些异域风情。

以乖巧打扮参加亲子活动

乖巧的孩子人人都喜欢，通过搭配营造出乖巧的感觉更能赢得大家的喜爱，通常碎花、格子和卡通的元素都是不错的选择，再进行一些单品搭配，带着乖巧可爱的宝宝一同参加亲自活动吧！

蓝色的条纹蓬裙具有浓郁的海军风，搭配草编帽更有休闲的感觉。

巧选配件突出甜美可爱

甜美可爱的气质不单单只是穿衣服能体现出来的，合适的鞋品和配饰也是增强气质的关键。

西瓜图案的连衣裙属于小清新风格，在夏天穿着还能让人感到更多的清凉之感。金色的凉鞋看起来奢华耀眼，而且搭配性也颇高。动物元素单肩包，在色调上与衣鞋呼应，粉色则代表了充满可爱甜美之意。橘粉色花朵发夹平添更多浪漫的味道。

深蓝色的蕾丝连衣裙比较质感，颜色暗沉低调。搭配一双闪亮的平底鞋，来提亮整体搭配的色彩感。搭配的手镯和发饰具有相近的质地和风格，以亮钻作为搭配显示出宝宝优雅乖巧的形象。

纯白色的
公主裙，具有细腻而丰富
的花纹，搭配的小皮鞋和
兔耳朵发箍共同表达出可
爱的风格。

从细节中凸显乖巧

搭配的服饰通过细节的部分也可以将乖巧可爱的气质凸显出来，从细节透露宝宝的乖巧。

　　连衣裙遇上碎花碰撞出甜美火花。纯白系列的打底裤袜，符合孩子文静单纯的气质。缎质的芭蕾鞋鞋面设计有蝴蝶结装饰的小细节，透露出更多的浪漫感觉。白色刺绣渔夫帽纹理细致，作为搭配的单品将宝宝打扮得更加乖巧。

　　格子的经典不言而喻，不同的配色和大小能打造出万千不一样的感觉，细小格纹的设计更加衬托女生的甜美可爱。为了配合裙子腰间蝴蝶结设计则搭配一双同样有蝴蝶结装饰的浅粉色单鞋。搭配具有气质的宽檐草帽和彩色手链带点小俏皮的感觉。

Chapter 5

突出细节品位的
配饰搭配

小配件有大魔力！小细节彰显高品位，包袋、头饰、帽子、袜子……别再忽视配件的点睛之力，每一处细节都需要更用心！

让发型变时尚的百搭头箍

　　一个漂亮精致的发箍能让最随性简单的发型搭配出最时尚的效果，不同材质和不同特点的发箍同衣物的搭配能够打造出不同的风格。

TIPS：

　　帽子的色系要和衣服的色泽相搭配，才能够让帽子的造型感发挥得更好。

1 蝴蝶结头箍

　　蝴蝶结发箍绝对是萌娃的首选，这类头箍品种繁多，风格多变，可根据宝宝的喜好进行挑选。

2 蕾丝头箍

　　精致漂亮的蕾丝和头箍搭配，甜美可人，蕾丝头箍有简单有繁复，简单造型更符合宝宝年纪。

3 水晶头箍

　　打造高贵的小公主造型就需要这类的头箍，浓郁的华丽感扑面而来，让女宝宝更华贵。

4 珍珠头箍

　　圆润的珍珠头箍款式简单又经典，没有明亮艳丽的色彩反而衬托出宝宝纯真甜美的气质。

5 花朵头箍

　　唯美的花朵巧妙别致的同发箍搭配，造型通常以仿真花或纱花为主，显得女宝宝朝气十足。

6 动物耳朵头箍

　　动物耳朵头箍是近年来十分流行的头饰，头箍充满了童趣和萌真，打造无害天然的宝宝造型。

★ 充满童真浪漫的花环头箍 ★

花环浪漫而唯美，秋冬佩戴能让女宝宝增添文艺气质，春夏佩戴则看起来无比清爽。即便穿着一条普通的裙子，只要选对了花环头饰，绝对能让穿搭造型化平庸为神奇！

TIPS：

春天浪漫的感觉通过花环和蓬蓬纱裙体现出来，腰线的花朵和花环相呼应，搭配和谐统一。

1 细花环

简洁的细花环仅有一些小花的点缀，不矫揉造作，给人留下清新自然的印象。

2 宽花环

此类花环宽大富有层次，可以利用它在前额或其他位置佩戴来修饰宝宝过于圆润的脸型。

3 藤编花环

藤编花环配以简单的编发，安静而又斯文，仿佛让宝宝置身于浪漫的国度。

4 珍珠花环

华丽高贵的钻饰奢华大气，这类较为繁复的头饰适合女宝宝在穿着公主裙等正式场合时佩戴。

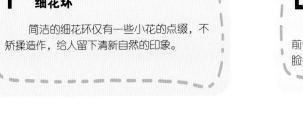

5 金属质感花环

金属质地的单品同样适宜儿童，只要设计简洁干净，同样适宜搭配朋克或硬朗风格的造型。

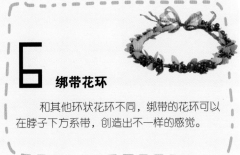

6 绑带花环

和其他环状花环不同，绑带的花环可以在脖子下方系带，创造出不一样的感觉。

★ 让细节美轮美奂的手腕饰品 ★

手腕作为举手投足的亮点，静静地闪耀迷人的光彩，能从细节上为整个造型加分。宝宝生性好动，应该选择坚固、无尖锐表面的腕饰，避免伤到宝宝娇嫩的皮肤。

TIPS：

　　碎花娃娃领小裙子和蕾丝边腕饰的搭配和谐不扎眼，花样的搭配拒绝平庸，让宝宝立刻就变可爱清新的小仙女。

1 手表

手表作为最实用的腕饰，挑选腕带时，应该为宝宝选择皮质和编织的腕带，透气性良好。

2 金属手链

有卡通坠饰的金属手链，让硬朗的金属链软萌不少，即使搭配素色衣服也能吸睛抢眼。

3 手镯

银质的手镯通常赋予了父母对宝宝最殷切的期盼，寓意吉祥如意、平安等。

4 复合材质腕饰

将多种材质混合搭配组成一个新的腕饰，但因材质混合较多，要注意色彩搭配和谐。

5 编织手链

编织腕饰一般使用编线或软皮制作，在造型中根据衣服颜色来搭配这类腕饰，是一个很不错的选择。

6 亚克力手镯

亚克力质感清透，颜色鲜亮，较宽的设计能让手臂显得纤细小巧，蝴蝶结造型更受女宝宝的喜爱。

★ 让穿搭更有趣味的多变帽子 ★

帽子是一年四季搭配的必备单品，有很多经典的款式更是让人爱不释手。搭配帽子的着装，不论是从细节处还是从整个穿搭造型的完成度来说都是潮趣十足。

TIPS：

　　粉色的鞋子和清爽的裙子，搭配浅色帽子立刻让造型亮眼，瞬间让女宝宝甜美可人。

1 大帽沿草帽

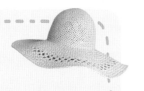

大帽沿的草帽既可以遮阳又可以搭配造型，宽大的帽檐可以让宝宝显得更加娇小可爱。

2 针织帽

秋冬季节保暖的最佳单品，款式百搭和颜色丰富，搭配时可以根据宝宝的喜好进行挑选。

3 毛绒雷锋帽

防风的雷锋帽能避免宝宝娇嫩的耳朵受到寒风的肆虐，父母可在寒冷的冬季准备这类帽子。

4 运动网球帽

简单实用的网球帽既能遮阳，透气性也好，搭配普通的印花 T 恤和运动服都能让宝宝活力十足。

5 爵士帽

一顶爵士帽绝对是点睛造型的重要利器，可以打造女宝宝中性帅气的造型，更加时尚前卫。

6 毡帽

毛毡小礼帽保暖又时尚，搭配风衣或者复古造型的衣物让女宝宝显得彬彬有礼有风范。

让宝宝乖巧加分的小·短袜

袜子是宝宝一年四季必不可少的物件。根据衣服的款式可以选择不同用色和图案的袜子相搭配，使整体造型更和谐。另外，袜子还可以避免宝宝娇嫩的脚被不适穿的鞋子磨破，绝对是一举多得的搭配小物。

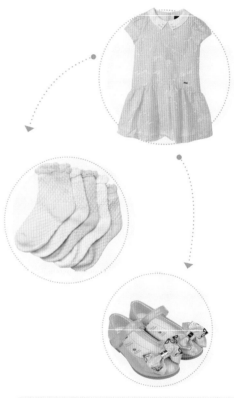

TIPS :

嫩黄色的裙子让宝宝看起来乖巧可爱，搭配同色系的花边袜子和公主鞋，增添了层次和趣味。

1 运动袜

运动袜可以随意搭配运动、休闲系列的服装，棉质袜子吸汗、透气，避免宝宝磨伤脚。

2 蕾丝花边袜

这是女宝宝穿公主鞋搭配的最佳单品，蕾丝花边翻扣在鞋子上，让宝宝在每一个细节都软萌可爱。

3 半筒袜

小皮鞋和半筒袜的搭配绝对是永恒经典，配以短裤、短裙能将宝宝灵动的感觉发挥到极致。

4 堆堆袜

春秋时节想要漂亮又保暖，一双堆堆袜绝对不能少，搭配百褶小短裙是一个不错的选择。

5 卡通棉袜

卡通袜子可以让宝宝自己选择喜欢的图案，充满了童趣和童真，让宝宝喜欢上穿搭。

6 针织毛线袜

柔软透气的毛线袜户外和室内都适宜，此类袜子较为蓬松，配搭时需要大一码的鞋子。

系出百变风格的休闲腰带

腰带的作用已经延展到了实用性之外的时尚穿搭，甚至点缀的意义也日益凸显。通过系腰带和服饰搭配，可以让宝宝展现多种多样的风格。

TIPS：

　　嫩黄的连衣裙突显了粉色腰带，整体色调柔和协调；腰带还提高了宝宝的腰线，使她显得更高挑修长。

1 编织腰带

编织腰带简单柔软，适合穿着棉麻质地的连衣裙，起到束腰的作用，拉长宝宝的身体线条。

2 帆布腰带

宝宝成长过程中，家长偏好买稍大一点的衣裤，裤头大用柔软的帆布腰带束紧是最好的选择。

3 贴钻装饰腰带

只需要一条腰带就能告别平庸、呆板的造型，贴钻类装饰腰带张扬、动感，帅气十足。

4 蝴蝶结细腰带

想要让一条平淡的裙子变得亮丽、时尚，蝴蝶结细腰带能够为宝宝打造出最有层次感的造型。

5 宽腰带

这类腰带适宜穿着较为厚实的秋冬衣物时佩戴，可以让宽松的衣物变得不臃肿、有线条感。

6 镂空皮质腰带

皮革质地的镂空腰带是近年来时尚界的新宠，通过镂空的图案来表现不同的风味，提升造型感。

★ 让穿搭更具层次感的漂亮围巾 ★

秋冬季节必备围巾，不仅能为宝宝打造出时尚造型，还能抵御寒风侵袭。围巾可将冬季难以搭配的衣服整体融合在一起，或是将普通的衣物靠搭配围巾出彩，成为抢镜的主角。

TIPS：

　　粉色和白色的搭配看起来暖意浓浓，将棉质裙子和毛线围巾的材质混搭，风格更别致。

1 针织围巾

最普通的针织围巾也要透露出随意的感觉，可以通过围巾两端长短不一来打造层次分明的效果。

2 抓绒围巾

抓绒围巾蓬松又保暖，单一的颜色可能会带来单调的感觉，带色彩和绒球的设计最合适女宝宝。

3 棉布围巾

棉质的围巾伴随着早春的阳光，随意地搭在宝宝的脖子上，亦可用围巾的色彩来融入搭配中。

4 印花围巾

家长可以尝试将印花围巾塞在宝宝的三角领马甲或毛线衫领口，让印花围巾变成吸睛的时尚单品。

5 流苏围巾

简单轻薄的流苏围巾相当容易在脖子上堆砌出强烈的层次感，既保暖又具有造型感。

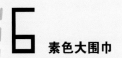

6 素色大围巾

素色的大围巾不仅能够当做披肩裹在身上，还能保暖，看上去时尚又洋气。

Chapter 6

美丽可人的四季穿搭

春日活泼，夏日清爽，秋日纯净，冬日暖意……
每个季节都有自己的专属性格，掌握季节穿搭精髓，
让宝宝无论何时何地，都时尚满分！

春季穿出活泼朝气

春天的朝气不一定只能通过颜色传达，会呼吸的面料和宽松的剪裁都能帮女宝宝穿出春意。运用春季质感轻盈的面料，通过多种剪裁方式的单品穿出无拘无束的自在感觉。

★ 春天 ★

**V 领麻质上衣 + 麻质半身裙 +
圆头娃娃鞋**

柔和的水洗色泽通过自然绵柔的面料表达出孩子的软萌气质，宽松的剪裁和自由无拘的春日主题完美契合。

**圆顶草帽 + 蕾丝边长袖 T 恤 +
浅色牛仔裤 + 软底圆头皮鞋**

草帽和蕾丝边的搭配完美展现春天的
气息，清新嫩粉色和浅蓝色牛仔裤的
搭配，让女宝宝更为甜美。

★ 春天 ★

裸粉色花型头箍 + 镂空娃娃领碎花裙 + 蝴蝶结单鞋

柔和的裸粉色通过碎花纹棉质面料表达出孩子的软萌气质，合理的剪裁让宝宝感受到春日无拘无束的感觉，戴上一个花型头箍，和春日的主题完美契合。

小叶藤编花环 + 无袖印花连衣裙 + 蝴蝶结单鞋

裙子上蓝色的花朵和领子周围蓝色小花相搭配，藤编花环的搭配尽显宝宝甜美的气息，更加适合春天舒适、怡人的天气。

夏季展现清爽面貌

　　炎热的夏季，宝宝宜穿着轻便宽松的衣物，材质选用棉麻等布料。款式尽量选择一些清爽俏皮而不失舒适感的衣物，再通过一些抢眼的配饰或配色，尽显女宝宝青春活力。

★ 夏天 ★

荷叶边雪纺上衣 + 印花短裤 + 休闲软底皮鞋

印花和荷叶边的设计充满了夏天的感觉，雪纺布料轻盈、透气，最适宜夏天穿着。

**无袖碎花背心 + 棉质南瓜裙 +
圆头娃娃鞋**

棉质的南瓜裙和无袖碎花背心的搭配，
让女宝宝的夏天过得清爽、透气又舒适。

★ 夏天 ★

**印花吊带上衣 + 水洗紧身牛仔裤 +
魔术贴休闲鞋**

宝宝夏季这样穿着最简单却又最时尚。
印花的吊带衫充满了夏天热辣的感觉，
紧身的牛仔裤让搭配更完整，整体让
宝宝看起来精神十足。

★ 夏天 ★

**镂空花边上衣 + 白底碎花半裙 +
蝴蝶结单鞋**

随意轻松的搭配让宝宝看起来可爱十
足，胸口的小花点缀了颜色略微单调
的白色上衣，碎花裙子更是带来一股
夏日清爽气息。

秋季突出纯净美感

　　经典的连衣裙和百搭针织毛衣是必备的百搭款式，戴上帽子既能保暖又能让整个穿搭造型更完整；秋季穿搭在颜色上多选择暖色和素色的搭配，带着色彩的点缀绝对亮眼十足，属于秋天温暖的感觉扑面而来。

 秋天

**娃娃领格子连衣裙 + 棉质花边袜 +
黑色公主鞋**

红色格子收腰连衣裙搭配可爱的棉质
花边袜，黑色娃娃领和黑色公主鞋相
呼应，女宝宝显得复古文艺气质十足。

**粗毛线针织衫 + 复古格子背带裤 +
短款雪地靴**

一条复古文艺的背带能让单调的灰白
针织衫搭配出最简单、随性的秋季穿
搭。整体复古的颜色让整体穿搭协调、
得体。

**针织尖帽 + 粗线针织毛衣 + 褶皱棉
麻半裙 + 拼色短款雪地靴**

在秋天里多运用素色衣物的搭配，款
式宽松轻便、保暖，色彩搭配协调，
小小的森女形象显得自然又无害。

★ 秋天 ★

**针织小皮带毛衣 + 镂空蕾丝长裙 +
波点泡泡袜 + 休闲马丁靴**

针织毛衣尽显秋天的柔软，蕾丝镂空
裙的搭配让整个搭配时尚度满分，整
套衣服随意的混搭，但却相互协调彰
显休闲舒适之感。

冬季打造暖心气质

冬季暖心的气质可以通过女宝宝衣物色彩来表现，选择暖色、浅色单品搭配衣物，加上小小的棉靴和帽子，可爱的女宝宝超级惹人喜爱。

★ 冬天 ★

**毛毡小礼帽 + 大红色斗篷 +
织纹蓬蓬纱裙 + 拼色短款雪地靴**

短款的斗篷不仅保暖还不累赘，小礼帽的搭配让女宝宝更甜美可人，星味十足。

★ 冬天 ★

**圆形毛毡礼帽 + 米色风衣 +
拼接皮裤 + 圆头娃娃鞋**

毛毡帽既保暖又时尚，双排扣风衣下
搭紧身裤，搭配颜色较少但凸显层次
感，更有街头气息。

**宽松棉麻上衣 + 褶皱松紧半裙 +
复古风格吊坠 + 小碎花单鞋**

这一身搭配干净休闲，万用百搭，若
是再室外或是天气较为寒冷的时候，
搭配风衣外套或短款的棉外套都是非
常不错的选择。

**圆领长袖蓬蓬纱裙 + 长款吊坠 + 小
碎花单鞋**

冬天的并不意味着需要将宝宝裹得严
严实实，在室内或者温暖的天气，可
以让宝宝穿着冬款的裙子，还可以搭
配上厚棉袜和围巾、帽子等。